AF453078

LES

# LES

# RICHESSES MINÉRALES

## CHARBONS, PIERRES ET MÉTAUX

BIBLIOTHÈQUE

DES ÉCOLES ET DES FAMILLES

# LES
# RICHESSES MINÉRALES

## CHARBONS, PIERRES ET MÉTAUX

PAR

### M<sup>me</sup> GUSTAVE DEMOULIN

DEUXIÈME ÉDITION

PARIS

LIBRAIRIE HACHETTE ET C<sup>ie</sup>

79, Boulevard Saint-Germain, 79

1884

Droits de propriété et de traduction réservés

# LES RICHESSES MINÉRALES

## COMBUSTIBLES

### CHARBONS

Voici une pierre noire qui n'a rien d'agréable à l'œil et qui, de plus, nous salit les doigts. Ne la méprisez pourtant pas, c'est une pierre précieuse; c'est du CHARBON. Quand je dis que c'est une pierre précieuse, je ne veux pas vous parler du Charbon pur que les savants appellent du *carbone* et que vous connaissez sous le nom de *Diamant*.

Cet humble CHARBON DE TERRE n'a ni l'éclat ni la dureté de son noble frère, mais il représente pour l'homme une bien plus grande richesse et, fort heureusement, il n'est pas précieux parce qu'il est rare. Bien au contraire!

Le Charbon est, après le soleil, notre plus grande source de chaleur et de lumière.

Il remplace avec avantage le *bois*, que nos forêts ne pourraient plus fournir aux besoins croissants de notre civilisation et de notre industrie. C'est grâce au Charbon que nous avons vu s'accroître notre bien-être. C'est grâce au Charbon que les locomotives, les bateaux à vapeur, nous mettent en communication rapide avec le monde entier. C'est grâce au Charbon que nos machines à vapeur rendent le travail des hommes plus facile et plus productif: 12 kilogrammes de Charbon brûlés, dans le foyer d'une machine à vapeur, fournissent autant de travail que vingt et un ouvriers en un jour! Le Charbon que brûlent nos machines à vapeur produit, à lui seul, plus de travail que toute la population ouvrière de la France. Et, sachez-le, le travail est la plus grande richesse d'une famille et d'une nation!

D'où vient ce don précieux qui a fait la fortune des temps modernes? Des entrailles de la terre, où l'homme va le chercher au péril de sa vie. Comment se trouve-t-il là? Comment y est-il venu? Comment s'y est-il formé? Écoutez.

Le Charbon n'a pas toujours été un corps inerte. Avant d'être enfoui dans la fosse profonde où il a été enterré, il a vécu. Oui, le Charbon a vécu! avant d'appartenir au règne minéral, il a appartenu au règne végétal. Avant d'être une mine, il a été une forêt. Il n'y a pas là de quoi vous étonner. A votre âge on est aussi bien disposé à accepter le merveilleux dans les phénomènes de la nature que dans les contes de fées. L'histoire du Charbon vaut bien celle de la Belle au bois dormant.

A une époque bien éloignée de nous, il y a eu d'autres îles, d'autres continents que ceux qui existent aujourd'hui; il y a eu d'autres végétations.

Je ne puis vous donner une idée du monde primitif témoin de ces bouleversements, de

ces déluges, qui ont renversé et entraîné d'immenses forêts qu'ils ont fait échouer dans des
golfes profonds, dans des anfractuosités gigan-

ARBRES FOSSILES DANS UNE MINE DE HOUILLE.

tesques. De nouveaux cataclysmes se succé-
dant, d'âge en âge, ont enfoui, sous des couches
d'argile et de sable d'une épaisseur de centaines

VÉGÉTAUX DE LA PÉRIODE HOUILLÈRE.

de mètres, ces amas de végétaux. Peu à peu le temps a fait son œuvre dans ces profondeurs : les plantes s'y sont décomposées et *carbonisées*.

Cette décomposition se révèle dans certains Charbons qui portent encore la trace évidente de leur origine végétale.

Le LIGNITE, par exemple, conserve parfois l'aspect *ligneux* et l'on peut y discerner les fibres et les nœuds du bois calciné.

Une variété de Lignite, d'un noir brillant, assez dure pour être taillée, tournée et polie, c'est le *jais* ou *jayet*, dont on fait des colliers, des croix, des pendeloques, des perles.

Un autre Charbon, L'ANTHRACITE, n'est pas un meilleur combustible; il s'allume difficilement; mais, dès qu'il brûle, c'est tout de bon et en donnant beaucoup de chaleur.

La HOUILLE OU CHARBON DE TERRE est le Charbon par excellence. Elle est composée de *carbone*, de *bitume* et de matières terreuses. Quand elle renferme une plus grande quantité de bitume, elle forme la *Houille grasse*, qui s'enflamme vite et brûle en se ramollissant, en se collant, en s'agglutinant. C'est le Charbon qui convient le mieux à la forge.

La *Houille maigre* est celle qui renferme peu de bitume. Elle s'allume plus lentement et se consume en morceaux séparés, ce qui permet à l'air de circuler et dispense de tisonner souvent. C'est ce Charbon qu'on emploie de préférence dans les appartements et dans les cuisines.

## COMBUSTION

Vous avez vu bien souvent brûler du Charbon; vous êtes-vous jamais demandé pourquoi il brûle? Belle question! Il brûle parce que c'est un COMBUSTIBLE. Et qu'est-ce qu'un combustible, s'il vous plaît? C'est tout ce qui brûle en produisant de la chaleur. Soit! Mais avez-vous une idée bien nette de la COMBUSTION? Si vous voulez être attentifs, je vous ferai comprendre cet intéressant phénomène.

Il faut d'abord que je vous apprenne qu'il existe des corps très différents. Les uns ne sont formés que d'une seule substance et sont appelés *corps simples;* les autres sont dits *composés*, parce qu'ils sont le résultat de la *combinaison* de plusieurs corps simples. Un exemple vous fera comprendre.

Je prends deux corps simples : le fer et le soufre. Si nous mèlons de la limaille de fer avec du soufre en poudre, les parcelles de fer et de soufre resteront les mêmes, côte à côte. Nous n'aurons là qu'un *mélange* et non une *combinaison*. Mais, si nous chauffons ce mélange jusqu'à une certaine température, nous obtiendrons une nouvelle substance appelée *sulfure de fer* qui différera complètement du soufre et du fer. Qu'a-t-il fallu pour cela? Élever la température du fer et du soufre qui se trouvaient en présence dans ce mélange.

Encore une petite expérience très vulgaire. Tenez, je verse dans ce vase de l'eau froide sur ce morceau de chaux vive également froid. Aussitôt vous apercevez un bouillonnement d'où se dégage de la vapeur d'eau. La *combinaison* de

la chaux vive et de l'eau a formé un corps nouveau tout à fait distinct des deux autres : la *chaux
éteinte* ou *chaux hydratée*, ce qui a produit de
la chaleur. Eh bien ! un grand nombre de corps,

COMBINAISON DE L'EAU ET DE LA CHAUX VIVE.

simples ou composés, peuvent se combiner ainsi,
et, chose remarquable ! chaque fois que deux
corps se combinent, il y a production de chaleur.

La COMBUSTION est tout simplement la combinaison du Charbon avec l'*oxygène*, un des gaz qui constituent l'air.

L'air qui entoure la terre et dans lequel nous vivons, et sans lequel nous ne pourrions vivre, est composé de deux gaz principaux : l'*oxygène* et l'*azote*. Ces gaz ne forment qu'un simple mélange et non une combinaison. Nous n'avons, pour le moment, à nous occuper que de l'oxygène.

Ce gaz, le plus important de la nature, joue le rôle principal dans la Combustion. Il a une grande tendance à se combiner avec le carbone partout où il le rencontre. Donc, chaque fois que l'oxygène et le carbone sont en présence, dans des conditions favorables, c'est-à-dire quand ils atteignent un degré de chaleur environ trois fois plus considérable que celui qui est nécessaire pour faire bouillir de l'eau, ils se combinent en formant un corps gazeux : l'*acide carbonique*. Vous allez comprendre où je veux en arriver.

Vous avez tous vu préparer un feu. Sous le charbon on a mis du menu bois, des copeaux, ou toute autre matière très inflammable, et vous savez très bien que le foyer, ainsi préparé, peut rester indéfiniment dans cet état. Il ne prendra pas feu de lui-même. Comment donc parvenir à faire brûler le charbon? En l'amenant à la température convenable. Qui provoquera cette Combustion? un agent fort connu de vous : la vulgaire allumette, dont la modeste flamme se communiquera de proche en proche au bois et au charbon. Bon! direz-vous, l'allumette allume le feu, mais qu'est-ce qui allume l'allumette? Le frottement, qui est une source de chaleur. Vous savez bien cela, puisque vous vous frottez les mains pour les réchauffer.

L'allumette est enduite à une de ses extrémités d'une composition contenant du *phosphore*, substance qu'un léger frottement, c'est-à-dire une faible chaleur, suffit à enflammer. La Combustion du phosphore donne au bois sec de l'allumette assez de chaleur pour qu'il brûle et qu'il allume les copeaux qui, à leur tour, donnent au menu bois l'augmentation de chaleur indispensable à sa Combustion. Enfin la chaleur, de nouveau accrue, amène le charbon à la température exigée pour qu'il se combine avec l'oxygène de l'air et qu'il forme par conséquent de l'acide carbonique.

Cherchons à nous rendre compte de ce qui s'est passé dans cette Combustion. Nous remarquerons : 1° que l'oxygène de l'air et le charbon se sont unis et s'en sont allés par la cheminée ne formant plus qu'un seul être, l'*acide carbonique*; 2° que la *flamme* provient surtout de la Combustion du bitume, qui est un combustible minéral comme le charbon; 3° que les *cendres* restées dans le foyer sont un résidu composé de matières terreuses et de fragments de charbon non brûlés; 4° que la *fumée* s'est échappée avec l'air chaud qui montait dans la cheminée. N'allez pas croire que cette fumée soit l'acide carbonique, principal résultat de la Combustion! Non; l'acide carbonique est invisible, tandis que la fumée, composée de plusieurs gaz, de vapeur d'eau, de parcelles de cendre et de charbon, ne se laisse que trop apercevoir.

Demandez au petit ramoneur de vous ouvrir le sac dans lequel il a ramassé la *suie* détachée par sa raclette des parois de la cheminée où la fumée l'avait déposée. Vous aurez sous les yeux une partie des matières que contenait la fumée : du charbon, des huiles, un acide qui, mêlé d'eau, donne du vinaigre. Pourquoi donc le ramoneur a-t-il recueilli précieusement cette suie si sale, au lieu de la jeter aux ordures? C'est qu'elle sera utilisée de diverses manières : on en tirera du *bistre* et du *noir de fumée* pour la peinture, une couleur *rousse* très solide pour la teinture. Elle servira encore d'engrais pour amender les terres humides. Auriez-vous jamais pensé qu'on pût trouver tout cela dans le sac d'un petit ramoneur?

## GAZ D'ÉCLAIRAGE

Le Charbon nous éclaire aussi bien qu'il nous chauffe, car c'est lui qui nous donne le GAZ D'ÉCLAIRAGE.

Je vis, un jour, un jeune garçon de votre âge, fort occupé à une besogne qui attira mon attention. Il bourrait, avec du charbon de terre en poudre, une pipe ordinaire qu'il coiffa d'un capuchon d'argile. — Qui donc va fumer cette pipe? lui demandai-je en riant. — Vous ne savez pas ce que je veux en faire? — Ma foi, non. Enchanté de m'apprendre quelque chose, il plongea la pipe, toute bourrée, dans le foyer ardent, en laissant dépasser le tuyau au dehors. Quand la pipe fut chauffée au rouge, il présenta une allumette enflammée à l'extrémité du tuyau, d'où jaillit, en dansant, une flamme bleuâtre.

Eh bien, ce jeune garçon avait fabriqué du GAZ D'ÉCLAIRAGE, et dans les grandes usines à gaz on ne s'y prend pas autrement que lui pour *distiller* la houille. Seulement, au lieu de pipes on se sert de grands récipients appelés *cornues*, qui ne laissent pas perdre le gaz au dehors, mais l'envoient, par une suite de tuyaux, à travers des *épurateurs*, dans un immense réservoir appelé *gazomètre*. De là il se distribue par des conduits souterrains jusque dans les becs de gaz où on doit l'allumer.

DISPOSITION DES CORNUES DANS UNE USINE A GAZ.

### COKE

L'opération terminée, on ouvre les cornues ; on en retire un résidu de houille incandescent qu'on éteint avec de l'eau : c'est le COKE, que nous brûlons dans nos foyers. Le Coke, débarrassé des matières bitumineuses et sulfureuses que contenait la houille, devient un combustible excellent ; un peu difficile à allumer peut-être, mais donnant une grande chaleur. Aussi les industries qui l'emploient de préférence convertissent-elles la houille en Coke sans même recueillir le gaz distillé. Cette opération s'exécute aux environs des mines dans des fours à Coke construits tout exprès.

### TOURBE

Un autre combustible qui peut rendre de grands services où le bois et le charbon manquent, c'est la TOURBE qu'on trouve dans le fond de certains marais. Cette substance charbonneuse

EXTINCTION DU COKE.

laisse voir, mieux encore que le lignite, son origine végétale.

La Tourbe est formée des couches successives des plantes marécageuses qui poussent et meurent chaque année dans ces eaux. En se carbonisant, avec le temps, elles finissent par constituer une espèce de charbon léger, spongieux, brunâtre, qui brûle facilement, mais en produisant beaucoup de fumée. La Tourbe calcinée donne un excellent charbon fort employé dans les petits ménages.

## GRAPHITE

Vous avez vu que le charbon, ou, pour être plus précis, le carbone, constitue en grande partie tous ces combustibles. Il ne faut pourtant pas croire que tous les charbons brûlent également bien. Tenez, vous avez là sous la main une variété de carbone, moins pure que le diamant, mais plus pure que la houille, l'anthracite, le lignite et la tourbe ; un charbon si peu combustible qu'on en fabrique des creusets capables de résister aux températures les plus élevées. Ce charbon, qu'on nomme à tort *mine de plomb*, c'est le GRAPHITE avec lequel sont faits vos crayons.

## BOIS

Avant que les hommes, en fouillant les profondeurs de la terre, eussent trouvé le charbon et appris à l'utiliser, le BOIS était le combustible universel. Les forêts étaient nombreuses ; les arbres croissaient dans le voisinage des habitations ; les hommes n'avaient que la peine de les émonder pour faire des fagots.

Nos aïeux amoncelaient dans leurs immenses cheminées les bûches de toutes dimensions qui leur coûtaient si peu. Comme le Bois flambait ! Comme il pétillait ! Ce feu clair et brillant, dans ce foyer tout grand ouvert, était gai, animé, mais, il faut le dire, il réjouissait plus qu'il ne chauffait. N'importe ! Le foyer de nos pères est resté comme un souvenir du bonheur et des joies de la famille. Les temps sont changés.

Aujourd'hui le Bois n'est plus, dans la plupart des pays, qu'un combustible de luxe qu'il faut payer fort cher.

La combustion du Bois présente le même phénomène que la combustion de la houille. C'est toujours l'oxygène de l'air qui s'unit au carbone du Bois comme il s'unit au carbone de la houille.

### CHARBON DE BOIS

Vous ne devez pas vous étonner que le bois contienne du carbone, puisque vous avez tous les jours sous les yeux du CHARBON DE BOIS qui n'est autre que du bois carbonisé. Cette transformation ne demande pas les circonstances exceptionnelles qu'ont rencontrées les gigantesques amas de débris arrachés aux forêts antédiluviennes. Il n'y faut ni l'enfouissement souterrain, ni une longue suite de siècles; quelques jours y suffisent.

On fabrique le Charbon de bois en plein air, sur le lieu même de la production, afin d'économiser les frais de transport qui se paient au poids.

Songez donc : le Charbon de bois pèse quatre ou cinq fois moins que le bois qui l'a produit! Les procédés de fabrication sont très simples. On fait choix, dans la forêt, d'un endroit sec, abrité du vent; on prépare le sol en le battant. Sur ce terrain, on amoncelle, dans un certain ordre,

CARBONISATION DU BOIS EN FORÊT.

en forme de meule à large base, des bûches de menu bois que l'on recouvre de terre et de gazon, en ayant soin de ménager des conduits pour le passage de l'air et de la fumée. On met le feu aux matières très inflammables disposées d'avance dans la cheminée du milieu et l'on surveille l'opération qui doit *calciner* le bois et non le consumer. Lorsque le charbonnier juge que la carbonisation est faite, il bouche soigneusement les *cheminées* et les *évents* et ne retire que plus tard, partie par partie, le Charbon calciné, qu'il éteint avec de l'eau ou du sable en se dépêchant de reboucher les brèches particulières qu'il a faites. Il parvient ainsi, peu à peu, à amener sa meule entière au même point de carbonisation, afin que le charbon ne contienne pas de *fumerons*.

Le Charbon de bois n'est pas seulement un excellent combustible, c'est un désinfectant précieux. Il a la propriété d'épurer les eaux et d'arrêter la putréfaction des viandes. Si vous voulez éprouver par vous-même cette propriété désinfectante, vous n'avez qu'à mêler à de l'eau croupie de la poussière de Charbon de bois et à filtrer après avoir agité. Vous verrez alors s'écouler du filtre, de l'eau sans saveur et sans odeur. Le Charbon de bois aura pris pour lui tout ce qu'il y avait de mauvais.

## LA MINE ET LES MINEURS

Quand vous êtes l'hiver dans une chambre qu'une douce chaleur rend facile au bien-être, vous ne songez guère à la somme de travail et d'efforts qu'il a fallu dépenser pour amener le charbon dans votre foyer. Et pourtant, ce n'est qu'en bravant les plus grandes fatigues et les plus

GALERIE BOISÉE.

grands dangers que l'homme est parvenu à s'emparer de ce trésor enfoui dans les profondeurs de la terre. Il y faut autant d'intelligence que de force et de courage.

Quand la MINE DE CHARBON ne vient pas affleurer le sol, et c'est le cas le plus fréquent, c'est à la science et à l'expérience qu'il **faut** s'adresser pour guider les recherches.

Dès que les *sondages* ont révélé l'existence d'un *gisement houiller*, on perce, avec mille difficultés, un *puits* qui pénètre jusqu'à la couche de houille, puis on ouvre, dans toutes les directions, des *galeries* dont on consolide les parois avec des pierres ou du bois.

GALERIE MURAILLÉE.

On n'avance qu'à pas lents, en luttant contre des obstacles de toute nature. Tantôt c'est le sol trop friable qui s'éboule, et la besogne est à recommencer ; tantôt c'est la roche trop dure qui ne se laisse pas entamer ; tantôt c'est l'eau qui vient noyer tous les travaux. Il faut alors se débarrasser

de cette eau
sans cesse en-
vahissante, la
faire écouler
dans des par-
ties plus bas-
ses ou la pom-
per au dehors
à l'aide de
puissantes
machines.
Quelles som
mes immen-
ses il faut en-
gloutir dans
ces noires ga-
leries avant
d'en retirer
le moindre
produit ! Pen-
sez que cer-
tains puits ont

ÉCHELLE FIXE ET ÉCHELLE MOBILE

dix fois plus de hauteur que les tours Notre-Dame et que les galeries ont parfois plus d'une lieue de longueur !

Enfin la Mine est ouverte. Les Mineurs descendent chaque matin au fond de ce gouffre pour n'en remonter que le soir, ou le soir pour

LAMPE PORTÉE AU CHAPEAU.

n'en sortir que le matin. Ils travaillent dans les ténèbres, dans la nuit noire, noire comme le charbon qui les entoure, au milieu d'un air malsain, accablés par une chaleur excessive. Ils n'ont, pour s'éclairer dans cet enfer, qu'une petite lampe fixée au chapeau, ou qu'ils déplacent à volonté. Rien de plus pénible que leur travail. Tantôt accroupis, tantôt agenouillés, quelquefois couchés sur le dos, ils attaquent, au moyen de pics, les blocs de houille dont les éclats les aveuglent.

Eh bien! ce n'est pas de ce dur labeur que

vous devez le plus les plaindre, car leur courage et leur énergie sont au-dessus de leur tâche. Ce qui doit surtout vous émouvoir, ce sont les dangers qui les menacent ; dangers terribles, difficiles à prévoir. Ce sont les effondrements qui écrasent tout ; les inondations qui transforment la Mine en un lac souterrain où flottent les cadavres ; les incendies qui dévorent la Mine et les Mineurs ; les explosions qui tuent sans merci ces soldats du travail, ces victimes du devoir.

Grâce aux progrès de la science, grâce à l'expérience si chèrement acquise, les éboulements, les inondations et les incendies deviennent moins fréquents dans les Mines.

Pouvez-vous vous imaginer l'horreur d'un incendie dans une houillère à 5 ou 600 mètres sous terre ? Le feu trouve là un aliment inépuisable.

Il faut se résoudre à fermer toutes les issues sans toutefois réussir à étouffer ce formidable foyer.

L'incendie continue sous terre et dure des mois, des années, des siècles ! Plusieurs Mines, abandonnées depuis longtemps, ne peuvent encore être rouvertes : une Mine du département de l'Allier, une autre du département de l'Aveyron sont dans ce cas. En Angleterre, une houillère incendiée a chauffé le terrain assez fortement pour que des maraîchers y aient longtemps cultivé des primeurs et des plantes tropicales.

Le plus grand fléau des Mineurs, celui qui de

EXPLOSION DE GRISOU.

tout temps a causé le plus de ravages, c'est le *feu grisou*. Un gaz, de même nature que notre gaz d'éclairage et qui brûlerait aussi sans danger s'il restait pur, devient explosif sitôt qu'il est mêlé

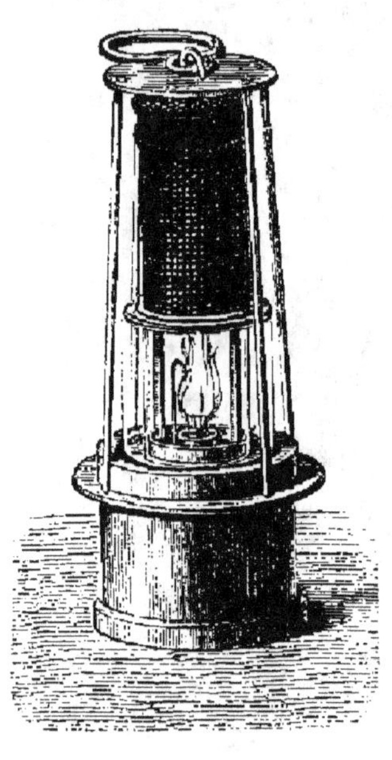

LAMPE DE SURETÉ.

à l'air. La moindre étincelle l'enflamme et change la Mine en poudrière. Une détonation formidable ébranle les voûtes des galeries; les Mineurs, lancés pêle-mêle avec les blocs de charbon, les débris de charpente, viennent se broyer contre les parois ou bien sont asphyxiés par le gaz empoisonneur.

Pour éviter que ce gaz perfide ne prenne feu, les Mineurs ne doivent s'éclairer qu'avec des *lampes de sûreté*, dont la flamme, entourée d'une toile métallique, ne peut communiquer sa chaleur au gaz environnant.

Malheureusement les Mineurs, insouciants

et ignorants, ouvrent parfois leurs lampes pour obtenir plus de lumière et amènent, dans leur folle imprudence, l'horrible catastrophe dont ils sont les premières victimes.

Où se trouvent les houillères? Partout. Dans l'ancien continent et dans le nouveau, et surtout dans l'hémisphère boréal.

De toutes les contrées d'Europe, l'Angleterre est la plus favorisée : c'est la vraie patrie de la houille.

Elle a des Mines qui s'étendent jusque sous la mer du Nord et la mer d'Irlande.

La Belgique est enrichie par ses Mines de Mons et de Charleroi, au-dessus desquelles se groupent les usines, dont les hautes cheminées pressées ressemblent à une forêt de robustes mâts.

Les principaux *bassins houillers* de la France sont ceux de Saint-Étienne et de Rive-de-Gier, dans la vallée du Rhône; de Blanzy et du Creuzot, dans le département de Saône-et-Loire; de la Grand'Combe dans le Gard; d'Anzin dans le département du Nord.

# MATÉRIAUX DE CONSTRUCTION

—



J'aime les enfants observateurs qui cherchent à se rendre compte de ce qu'ils voient. Aussi ai-je remarqué avec plaisir que beaucoup d'entre vous s'arrêtaient chaque matin, en venant en classe, devant un groupe de maisons en construction. C'est bien amusant, je l'avoue, de voir ces grosses pierres attachées par une forte ceinture de cordes et de chaînes qu'on hisse lentement, lentement, jusqu'aux étages les plus élevés, où elles viennent se ranger les unes à côté des autres plus docilement et plus sûrement que vos dominos quand vous en faites de hautes tours, plus ou moins penchées, comme celles de Pise et de Bologne.

C'est aussi bien curieux de voir travailler les maçons qui se meuvent sans gêne et sans souci sur leurs légers échafaudages. Mais savez-vous bien quels matériaux servent à ces constructions ?

Si vous voulez me suivre, nous irons voir tout cela de plus près et je vous expliquerai, de mon mieux, ce qu'il faut pour bâtir une maison.

Entrons dans le chantier par la porte pratiquée dans cette palissade. Tout autour sont rangés dans un beau désordre les MATÉRIAUX DE CONSTRUCTION.

## LE CALCAIRE

Je vous ferai d'abord remarquer ces grosses pierres qu'on scie et qu'on taille d'après les plans donnés par l'architecte pour en faire ce qu'on nomme des *pierres d'appareil*. Elles se laissent facilement travailler à la scie, au marteau, prennent et conservent la forme et les moulures que le ciseau leur a données. On les appelle simplement *pierres de taille*, quelles que soient leurs variétés. Toutes appartiennent au CALCAIRE

commun, très abondant par toute la terre.
On a calculé qu'il forme à lui seul la huitième
partie de la croûte de notre Globe.

SCIAGE MÉCANIQUE DES PIERRES D'APPAREIL.

Mais qu'est-ce que le Calcaire?

Le Calcaire, que les savants appellent *carbo
nate de chaux*, est, à cause de ses qualités et de
son abondance, une des grandes richesses
minérales que la nature livre à l'industrie hu-

maine. C'est une combinaison d'*acide carbonique*

et de *chaux*. Nous verrons tout à l'heure ce que c'est que la chaux.

L'*acide carbonique*, c'est ce gaz qui pétille dans l'*eau de seltz* et qui fait si lestement sauter les bouchons du vin de Champagne. C'est ce gaz turbulent qui s'est laissé emprisonner étroitement dans la pierre à bâtir, d'où on le tire pour fabriquer l'*eau de seltz*.

Le Calcaire n'est pas rare, mais encore faut-il aller le prendre où il se présente. Les *carrières* sont plus ou moins faciles à exploiter. Dans les pays où le terrain est accidenté, on attaque par le flanc les collines ou les montagnes et l'on y travaille *à ciel ouvert*. On fait, tout autour du bloc à enlever, une *tranchée* dans laquelle on enfonce de gros coins de fer qui brisent la pierre et la découpent pour ainsi dire à l'emporte-pièce. Avez-vous quelquefois entendu aux environs d'une carrière une forte détonation? C'est un *coup de mine*. Les carriers, pour hâter leur besogne, ont employé la poudre. On exploite ainsi des carrières par *gradins*. Ces escaliers gigantesques, dont les marches ont souvent deux mètres de hauteur, ne seraient pas commodes pour vos petites jambes.

Dans les pays de plaines, comme les environs de Paris, il faut fouiller le sol assez profondément pour y trouver le Calcaire. On creuse des

LA ROUE DES CARRIERS.

*puits* qui sont reliés entre eux par des *galeries*

*souterraines* et qui servent à remonter le Calcaire extrait. Vous avez tous vu tirer un seau
d'eau du puits. Eh bien, l'on s'y prend absolument de la même façon pour tirer la pierre du
fond de la carrière.

On voit du côté d'Ivry, de Meudon, de Mont-
rouge, de grandes roues à chevilles, étranges
d'aspect, qui semblent perdues et abandonnées
au milieu de champs de désolation. Ces roues
sont d'immenses manivelles qui font tourner
le treuil autour duquel s'enroule la corde qui
remonte le fardeau. Les carriers hissent la pierre
en grimpant aux chevilles comme s'ils montaient
à l'échelle. Le poids de leur corps, qui se
meut sans avancer, met en mouvement la roue
et le treuil; la corde, s'enroulant, amène la
pierre à l'orifice du *puits d'extraction.*

Paris n'a pas été bâti en un jour. Il a donc
fallu tirer bien de la pierre des entrailles du sol
depuis deux mille ans pour construire tant de
maisons, tant de monuments; et, comme on n'a
rien mis à la place de la pierre, elle a laissé de

grands vides, qui forment ces *catacombes* immenses s'étendant sous la rive gauche de la Seine.

Il ne faut pas croire que tout le Calcaire venant de la même carrière est de même qualité et qu'une pierre en vaut une autre. L'entrepreneur sait bien cela et il ne prend pas des *pierres gélives* pour des *pierres sèches*. Les pierres sèches sont très bonnes et très résistantes; les pierres gélives retiennent une certaine quantité d'eau et se séparent quand il gèle *à pierre fendre*.

## MOELLONS

Voyez, là-bas, ce tas de pierres irrégulières de toutes formes et de toutes dimensions. Ces MOELLONS, comme on les appelle, sont pour la plupart des débris de pierres de taille que les maçons emploieront dans le massif de la *construction*.

Les maisons de Paris qui ne sont pas construites pour durer des siècles sont généralement bâties en Moellons; pourtant les façades sont souvent en pierres d'appareil. Et quelles bonnes habitations cela fait! fraîches en été, chaudes en hiver! car le Calcaire, étant ce qu'on appelle en physique un *corps mauvais conducteur*, ne se laisse pénétrer par la chaleur ni du dedans ni du dehors.

### CRAIE

Il va sans dire que le Calcaire se trouve ailleurs qu'aux environs de Paris. Le sol de contrées entières, telles que l'Angleterre, la Champagne, est formé d'un calcaire très tendre, qui n'est autre que la CRAIE de notre tableau noir.

### MARBRE

On trouve dans d'autres terrains, en Italie, en Grèce, dans les montagnes de la France, des calcaires durs, d'un grain fin et serré, qui peuvent recevoir un beau poli et qu'on appelle des MARBRES.

Les plus beaux Marbres sont employés dans la décoration des maisons et des édifices publics. On en fait des dessus de meubles, des chambranles de cheminées, des colonnes, des vases, des socles de pendules, etc. Les statues que vous admirez dans les jardins et les musées sont taillées dans de beaux blocs de Marbre blanc comme du sucre; les plus estimés viennent de Carrare, en Italie.

Ne posez jamais un quartier d'orange sur la cheminée, ni sur la commode; ayez soin de n'y point répandre la moindre goutte d'une eau dans laquelle on aurait exprimé un jus de citron ou versé du sirop de groseilles, parce que le Marbre se laisse attaquer par les acides les plus faibles.

Vous avez remarqué qu'il y a des Marbres de toutes couleurs et de toutes nuances. Les *Marbres colorés* renferment des minéraux qui les teintent, les veinent ou les tachent. Je suppose que vous ne les trouvez pas plus laids pour cela.

Le Marbre n'a pas seulement été utilisé pour l'ornementation des édifices, il a servi à en bâtir. Ainsi, de même que la magnifique église de Notre-Dame de Paris a été construite tout entière avec la pierre des carrières d'Ivry, la cathédrale de Milan a été édifiée en Marbre blanc fourni par les carrières du pays. Dans plusieurs villes d'Italie, notamment à Gênes, beaucoup de palais sont bâtis en Marbre.

## CHAUX

Je vais vous montrer quel grand service la pierre calcaire rend encore à l'art de bâtir.

Venez par ici et prenez garde de marcher dans ce *flan de chaux*, car il est moins innocent qu'il n'en a l'air. Voyez comme la surface de cette belle bouillie blanche et crémeuse s'enfle et se gonfle par intermittences, formant de petites soufflettes qui crèvent en laissant échapper comme de la fumée. C'est de la CHAUX qui bouillonne. Mais où donc est le foyer? On nous a toujours dit qu'il n'y a point de fumée sans feu. Hé! les proverbes n'ont pas toujours raison.

La Chaux a besoin d'être séparée de l'acide carbonique qui en fait du *carbonate de chaux;* ce qui s'opère en disposant dans un *four à chaux* des couches alternatives de pierre à chaux et de charbon. L'action de la chaleur entretenue dans ce four calcine le calcaire, c'est-à-dire

FOUR A CHAUX

chasse l'acide carbonique. La pierre blanche, légère et poreuse qu'on recueille après *calcination*, c'est de la *chaux vive*.

Les pierres de taille, les moellons, les marbres, peuvent être convertis en Chaux ; mais comme ce serait grand dommage d'employer à cet usage des pierres qu'on peut utiliser plus avantageusement, on ne calcine que les calcaires tendres qui ne pourraient guère servir autrement. **La Chaux vive** est un caustique qui détruit toute matière animale. Tant qu'elle est au sec, elle reste bien tranquille ; mais, dès qu'elle est en contact avec de l'eau, vous vous le rappelez sans doute, elle entre en effervescence, elle crépite, elle se fend, elle siffle, elle fume (je ne vous conseillerais pas alors d'y mettre seulement le bout de votre petit doigt : il pourrait vous en cuire), puis elle tombe en fragments comme le morceau de sucre qui fond, et enfin elle *s'éteint*. En buvant toute l'eau qu'on lui a versée, la Chaux s'est gonflée ; plus elle buvait, plus elle avait chaud. En se combinant avec elle, l'eau passait de l'état liquide à l'état solide et abandonnait à la Chaux le supplément de chaleur que possède un corps à l'état li-

MAÇONS ASSEMBLANT LES PIERRES AVEC DU MORTIER.
LES RICHESSES MINÉRALES.

quide. Vous le voyez une fois de plus : les combinaisons chimiques sont des sources de chaleur.

Le bouillonnement que vous avez constaté quand la Chaux s'est éteinte se présente toutes les fois qu'un calcaire se dissout dans un acide. Cette *effervescence* est un des caractères distinctifs du calcaire.

## MORTIER

Il en est peut-être parmi vous qui voudraient bien être à la place de ce manœuvre et s'amuser à gâcher du sable et de la chaux. Ce n'est pourtant point un jeu ; ce manœuvre fabrique du MORTIER. Il va le porter aux maçons qui s'en serviront pour assembler les pierres de taille et les moellons. Avec le temps, la chaux du Mortier reprendra à l'air l'acide carbonique et se rapprochera par sa dureté de la pierre à bâtir. En séchant, elle tend à se resserrer, mais le sable s'y oppose et oblige la chaux à tenir convenablement sa place. Ce mortier-là ne durcit qu'à l'air. Il resterait tou-

jours mou si on l'employait dans des constructions baignées par l'eau. Les hommes, qui ne
sont jamais à bout de ressources, ont trouvé
moyen de fabriquer une *chaux hydraulique* qui
durcit mieux à l'eau qu'à l'air. On l'emploie
pour construire les digues, les jetées, les piles
de ponts, les murailles qui ont le pied dans l'eau
ou qui sont sujettes aux inondations. Avec le
temps cette chaux hydraulique devient plus dure
que les pierres qu'elle cimente. Les Mortiers sont
donc des pierres artificielles qui complètent l'appareil des pierres à bâtir.

## GYPSE

Je vous vois tous suivre des yeux ces ouvriers
à longues blouses blanches qui portent de petits
sacs blancs sur leur épaule. Quoique les sacs ne
soient pas gros, ils ont l'air joliment lourds. Ces
hommes ne sont pas des meuniers qui reviennent
du moulin avec de la farine; ce sont des plâ-
triers qui déchargent du PLATRE pour pla-
fonner.

Nous retrouvons encore la chaux dans le Plâtre ; mais, cette fois, au lieu d'être combinée avec l'acide carbonique, elle y est combinée avec *l'acide sulfurique*, que vous connaissez sous le nom d'*huile de vitriol*. C'est une substance très dangereuse, à laquelle les enfants ne doivent jamais toucher.

La PIERRE A PLATRE, ou le GYPSE comme on dit en minéralogie, n'est pas à beaucoup près aussi abondante que le calcaire ; mais, Dieu merci ! ce n'est pas non plus une pierre rare. Il y en a aux environs de Paris des couches importantes. La butte Montmartre n'est qu'un amas de Plâtre, de *plâtre cru*, suivant l'expression ordinaire.

Il faut faire cuire le Gypse dans des fours pour en obtenir le Plâtre, de même qu'on fait calciner le calcaire pour en obtenir la chaux. Seulement cette opération demande moins de temps et surtout moins de chaleur : du Plâtre calciné ne vaudrait rien du tout. La toiture des fours à Plâtre est à claire-voie et les flammes s'élèvent librement illuminant, la campagne, pen-

FOUR A PLATRE.

dant les nuits, de lueurs étranges et fantastiques.
Le Gypse ne perd à la cuisson que l'eau qu'il

enferme. Une fois privé d'eau, on l'écrase à la meule, on le tamise en une poussière fine et égale qu'on met aussitôt à l'abri de l'air. Sans cette précaution, le Plâtre s'emparerait de l'humidité de l'atmosphère et ne serait plus assez avide d'eau au moment de l'employer. Pour s'en servir, on le délaye avec de l'eau qui le ramène à l'état de *sulfate de chaux* liquide, d'une blancheur maté, qu'on peut appliquer exactement sur toutes les surfaces pour faire des plafonds, des enduits, et façonner des moulures. Au lieu de s'amollir comme la chaux vive, le Plâtre se solidifie vite au contact de l'eau; aussi faut-il le délayer par petites quantités et seulement pour le travail immédiat. Cette propriété permet de l'utiliser pour sceller des ferrures dans la pierre.

## GRÈS

Regardez un peu, je vous prie, les gros pavés sur lesquels vous marchez; ils sont en GRÈS. Cette pierre peut être considérée comme un amoncel-

lement de petits grains de sable pressés fortement les uns contre les autres. Bien qu'on s'en
serve pour bâtir, le Grès est surtout employé
dans le pavage. Paris compte plus de 2 mil-
lions de mètres carrés de pavage en Grès que le
roulement incessant des voitures oblige à ré-
parer souvent. Car, si dur qu'il soit, le Grès
s'use par les frottements répétés.

Le Grès se trouve à de petites profondeurs et
s'exploite à ciel ouvert. Il y a beaucoup de ces
carrières aux environs de Paris, où elles ne
contribuent pas à embellir le paysage.

La taille du Grès n'est pas sans danger. La
poussière impalpable qu'elle produit s'introdui-
sant dans les organes de la respiration y cause
des troubles graves. Pour vous donner une idée
de la ténuité de cette poussière qui flotte invisible autour du carrier, je vous dirai que cet
ouvrier, après une journée de travail, trouve
dans la boîte de sa montre, bien close, et serrée
dans son gousset, une pincée de cette poudre
aussi perfide qu'insinuante.

## SCHISTE.

Voyez donc les couvreurs juchés sur le toit de cette haute maison. En vérité, ils n'ont pas l'air d'être plus gênés que nous dans leurs mouvements. Avec quelle aisance ils travaillent, avec quel sangfroid et quelle dextérité ils alignent les *ardoises* en les superposant de façon à couvrir les joints tracés par celles qui sont déjà en place, si bien que le toit paraît couvert d'écailles comme un poisson !

Savez-vous bien d'où viennent ces ardoises? Probablement des Ardennes ou des environs d'Angers, où nous avons des ardoisières importantes.

L'ardoise est le nom vulgaire donné au SCHISTE, qui forme dans la couche terrestre des roches nombreuses; il est d'un bleu grisâtre et violacé, assez doux au toucher, compact et fragile.

Les rochers de Schiste reposent dans le sol en blocs épais formés de couches distinctes, de

lames plus ou moins minces qui leur donnent
l'aspect d'immenses galettes feuilletées. On les

exploite généralement à ciel ouvert. Les blocs,
extraits de la carrière, sont éprouvés par un procédé fort simple; on les pèse, puis on les plonge
dans l'eau. Au bout de quelques jours, ils sont

pesés de nouveau. S'ils ont sensiblement augmenté de poids, c'est qu'ils ont absorbé une quantité notable d'eau et sont par conséquent jugés impropres à la fabrication des ardoises. Si, au contraire, ils ne sont ni trop poreux, ni trop compacts, ils sont livrés aux fendeurs. Ces ouvriers placent les blocs, de champ, entre leurs jambes, enfoncent l'extrémité d'un ciseau entre les feuillets et d'un coup de maillet détachent les lames d'ardoise.

On taille ensuite les ardoises à la forme et aux dimensions voulues. Un enfant de votre âge, avec un couteau mécanique, fabrique aisément un millier d'ardoises dans sa matinée : à la condition, bien entendu, qu'il ne s'amusera pas à regarder voler les mouches.

Les ardoises étant légères et imperméables font d'excellentes toitures et remplacent économiquement les lourdes couvertures d'autrefois qui exigeaient des combles de charpente très coûteux.

Qui d'entre vous ne connaît l'ardoise à écrire!

CARRIÈRE D'ARDOISE PRÈS D'ANGERS.

C'est peut-être sur une ardoise que vous avez fait vos premières tentatives d'écrivain et de

FENDEURS D'ARDOISES.

dessinateur. Ces ardoises-là sont naturellement supérieures à celles du toit.

Quand les Schistes ne se laissent pas aisé

ment feuilleter, on en fait des margelles de puits, des dalles, des marches, des bordures de trottoirs, des auges, et bien d'autres choses ; même des billes pour votre amusement.

## L'ARGILE ET LES BRIQUES

Dans les pays où la pierre est rare ou mauvaise, on en fabrique avec une terre argileuse qui se trouve à peu près partout.

L'ARGILE, broyée avec de l'eau, donne une pâte qui, moulée, prend la forme d'une pierre taillée : c'est la BRIQUE.

Longtemps les hommes se sont contentés de faire sécher au soleil ces Briques plus ou moins foulées. Dans les pays chauds, on élevait ainsi des constructions gigantesques, qui acquéraient, en séchant, une grande dureté. Pour donner plus de liant à l'Argile, on y mêlait de la paille. Ce sont des Briques fabriquées avec le limon du Tigre ou de l'Euphrate, cimentées avec du *bitume*, qui servirent à élever ces fameuses murailles de Babylone si célèbres par leur hauteur et leur épaisseur.

Sans aller chercher si loin, nous retrouvons le même procédé employé par nos paysans. Ils ne prennent pas la peine de mouler des Briques et se contentent de pétrir l'Argile avec la paille hachée, puis ils en remplissent les vides que laisse la première charpente de leurs chaumières. Ce mode de construction s'appelle *torchis*, parce que la paille est pour ainsi dire tournée, tortillée avec l'Argile.

Mais revenons aux Briques. On emploie pour les fabriquer une Argile ni trop grasse ni trop maigre, qu'on réduit en poudre pour s'assurer qu'elle ne contient pas de petits cailloux et aussi pour qu'elle se détrempe plus facilement.

Lorsque l'Argile est réduite en pâte consistante, on la jette dans des moules, et on la presse très fortement pour y faire entrer le plus de matière possible. Les Briques sont ensuite durcies par la cuisson.

On les cuit, soit dans des fours permanents,

soit sur le lieu de leur fabrication dans des fours faits avec les Briques mêmes. Tous les combustibles sont bons pour cette opération. La plus grande difficulté est de conduire également le feu, d'éviter que les Briques du milieu en cuisant trop ne se fondent, ne se soudent entre elles et ne se vitrifient.

Chose curieuse! les Briques mises toutes pâles au four ont rougi à la cuisson, ni plus ni moins que des écrevisses. En voici la raison. L'Argile renferme presque toujours de l'*oxyde de fer* : ce que vous appelez de la *rouille;* c'est cet oxyde de fer qui, au feu, donne aux Briques sa couleur rouge.

Les Briques sont admises partout, dans la maison somptueuse et dans la maison rustique. Associées à la pierre, elles forment de coquettes façades.

Lorsque les Briques ne contiennent pas du tout de chaux, elles résistent à une chaleur intense et sont alors appelées *réfractaires.* Ces

Briques-là sont excellentes pour construire des cheminées, des foyers et des fours.

Les *tuiles* avec lesquelles on recouvre les toits, les *carreaux* avec lesquels on pave des chambres

MAISON EN BRIQUES ET PIERRE.

et des cuisines, sont confectionnés à peu près comme les Briques et cuits de la même façon.

Voulez-vous savoir maintenant ce que rapporte annuellement à la France cette boue

PAN DE BOIS.

argileuse, sans valeur avant d'être livrée à l'industrie? Elle produit, après la fabrication, la somme énorme de 50 000 000 de francs! C'est un assez joli revenu.

### BOIS

On trouve souvent enfouis dans la vase des grands lacs des débris de charpentes et de pilotis, restes des habitations des peuplades primitives qui se mettaient à l'abri des attaques des hommes et des bêtes en construisant leurs cases au-dessus de l'eau, à une certaine distance du rivage.

Le BOIS est donc un des premiers matériaux qui aient servi à l'habitation humaine. Plus tard, l'homme, devenant de plus en plus industrieux, a remplacé le Bois par la brique crue, puis par la brique cuite et la pierre. Il ne manque pourtant pas, de notre temps, de pays civilisés dont les habitants sont encore forcés d'aller demander à leurs nombreuses forêts leurs principaux matériaux de construction. En Russie,

LES HALLES CENTRALES.

en Suède, en Norvège, en Amérique, des villes sont construites presque exclusivement en Bois. Que de fois nous sommes attristés par la nouvelle d'un de ces terribles incendies qui dévorent en une nuit d'immenses quartiers de ces villes!

Nous n'employons le Bois, dans la construction de nos maisons, que dans les charpentes solides et dans ce cas nous choisissons le *chêne*, le *châtaignier*, *l'orme*, le *noyer*, le *hêtre*, le *frêne*, qui sont appelés *Bois durs*. Les *Bois blancs*, comme le *peuplier*, le *platane*, sont réservés aux charpentes légères. Enfin les *Bois résineux*, tels que le *pin*, le *sapin*, ne servent guère que pour planchéier.

### FER

Les bois durs deviennent si rares qu'on les réserve surtout pour les constructions navales. Du reste, l'industrie fournit tous les jours des matériaux nouveaux à l'architecture. Les bétons, les ciments fabriqués, peuvent au besoin remplacer la pierre; les ardoises artificielles tendent à détrôner les schistes et les tuiles, et le Fer se substitue peu à peu au bois dans les charpentes solides aussi bien que dans les constructions légères. Les Halles centrales de Paris fournissent un exemple remarquable de construction en Fer. Elles sont d'une architecture qui sait allier l'élégance à la solidité.

# MÉTAUX USUELS

## FER

Voici un bout de fil métallique, une petite plaque de tôle, un fer à cheval, un poids de fonte, un ressort de montre. Ces objets, d'aspect si varié, ont été fabriqués avec la même substance. Ils sont en FER. Le travail qui les a façonnés nous révèle les principales qualités de ce précieux métal. Le fil métallique nous montre que le Fer est *ductile*, c'est-à-dire qu'il se laisse étirer en fil. Vous comprenez bien que ce fil-là, devant être joliment dur à filer, ne se file pas à la main, mais à la machine.

Pour fabriquer ce fil, on prépare de petites barres de fer, longues comme le doigt, on les met amollir dans un four spécial, on les amincit

MARTEAU-PILON.

peu à peu dans les cannelures d'une machine, on les chauffe à nouveau, puis on les fait passer dans les trous de plus en plus petits d'une plaque d'acier appelée *filière* qui les étire à la grosseur voulue.

Nous pourrions suspendre à notre fil de fer un poids considérable, car un fil de fer de bonne qualité, pas plus gros qu'un crin de cheval, supporterait, sans se rompre, un poids de 30 000 grammes : soixante fois ce poids de 500 grammes. C'est assez vous dire jusqu'à quel point le Fer est résistant, *tenace*, c'est le mot consacré. Le Fer est le plus tenace des métaux ; aussi confie-t-on à des chaînes de fer le soin de soutenir des ponts suspendus. Les colonnes de fer de nos édifices restent sveltes et droites sous la pression énorme qu'elles supportent.

Le Fer est aussi *dur* qu'il est tenace. Il ne se laisse pas facilement entamer, il ne s'émeut guère des chocs ni des frottements. Le cheval qui trotte, galope et piaffe sur le pavé, n'use guère plus de fers que vous n'usez de souliers. Le soc de la charrue qui laboure la terre du matin au soir usera bien des fois, sans s'user lui-même, les forces du laboureur et de ses chevaux. Les rails du chemin de fer ne paraissent pas fort impressionnés du passage successif des lourds trains qui montent et descendent jour et nuit le long de la voie.

## TÔLE

Ce morceau de TÔLE vous prouve que le fer peut s'aplatir, s'étaler en feuilles, ce qui veut dire qu'il est *malléable*.

La malléabilité n'appartient pas à tous les corps. Qu'arriverait-il si nous étions assez naïfs pour essayer d'aplatir au marteau du verre, de la craie ou du sucre? Ces corps ne seraient-ils pas bientôt pulvérisés?

Pour obtenir la Tôle, on amollit des barres de fer au four, on les écrase sous un énorme marteau-pilon, puis on les présente au *laminoir*.

Le laminoir est une machine composée de

rouleaux ou *cylindres* horizontaux tournant en sens inverse et dont on diminue de plus en plus l'écartement jusqu'à ce que l'on obtienne de la Tôle à l'épaisseur convenable. La Tôle sert à fabriquer des chaudières de machines à vapeur, des tuyaux de poêles, etc.

La Tôle, recouverte d'une mince couche d'étain qui l'empêche de *s'oxyder*, autrement dire de se *rouiller*, prend le nom de FER-BLANC et sert à confectionner des ustensiles de ménage, des casseroles, des marmites, des seaux, etc.

### FER FORGÉ

La façon dont ce fer à cheval a été fabriqué nous montre encore une des propriétés particulières au fer : il a été FORGÉ. Lorsqu'on chauffe le fer, il passe successivement au rouge sombre, au rouge vif, au blanc éclatant et se ramollit. Le maréchal a fait rougir à sa *forge* un morceau de fer qu'il a battu au marteau sur l'enclume avec autant de vigueur que de dextérité ; il s'est hâté de lui donner la forme désirable ; car, il le sait, *il faut battre le fer pendant qu'il est chaud.*

Ce travail difficile demande beaucoup d'adresse. Le proverbe le dit bien : *Ce n'est qu'à force de forger qu'on devient forgeron.*

Le fer seul possède cette admirable propriété d'être *forgé à chaud* et de prendre, sous le marteau, les formes

ENCLUME.

les plus délicates et les plus variées. Le forgeage des grosses pièces se fait maintenant à l'aide de machines.

## FONTE

Lorsque le fer renferme une certaine proportion de carbone, il constitue la FONTE, qui, exposée à une chaleur suffisante, entre en *fusion*. La fonte est coulée dans des moules de sable où elle prend la forme qui convient à l'objet : c'est ainsi qu'a été fabriqué ce poids de fonte et que sont également fabriqués des grilles, des fers à repasser, des marmites, des colonnes, des tuyaux, des appareils de chauffage, des boulets de canon et même des canons pour la marine. La FONTE se laisse plus difficilement *mouler* que les autres métaux usuels,

## ACIER

La transformation du fer en ACIER le rend encore plus précieux. Le fer, *combiné* avec une proportion de carbone moindre que dans la fonte, constitue l'ACIER. Le fer, la fonte et l'Acier sont donc trois corps jouissant de propriétés toutes différentes. On peut dire que l'Acier est un fer qui contient moins de carbone que la fonte et plus de carbone que le fer. Que faut-il donc pour obtenir de l'Acier? Donner du carbone au fer, ou enlever du carbone à la fonte. De là deux procédés. Pour convertir le fer en Acier, on chauffe au rouge vif, dans de grandes caisses de briques réfrac-

FORGEAGE D'UNE GROSSE PIÈCE.

taires, des lits de barres de fer alternant avec des couches de poussière de charbon de bois. Au bout de vingt jours, le fer s'est *combiné* avec une quantité convenable de carbone. C'est le procédé de la *cémentation*.

Pour convertir la fonte en Acier, on fait passer un puissant courant d'air à travers la fonte en fusion et l'oxygène s'empare de l'excès de carbone. C'est le procédé Bessemer.

L'Acier, après l'opération de la *trempe*, qui consiste à le plonger dans l'eau froide au moment où il est chauffé au rouge, acquiert une assez grande dureté pour rayer le verre et une *élasticité* qui permet d'en faire des ressorts de montre comme celui-ci, des ressorts de voiture, etc. Ce métal peut recevoir un beau poli. Les couteaux, les ciseaux, les canifs, les rasoirs, les armes blanches, les aiguilles, tous les instruments à lame tranchante ou à pointe effilée sont en Acier.

Autrefois, quand la transformation du fer en Acier restait un mystère, c'était un métal de luxe. Il n'en est plus ainsi; l'Acier pénètre partout. L'industrie le produit dans des conditions économiques qui en vulgarisent l'usage. On en fait des canons, des rails, etc. Les pièces principales de nos machines sont en acier fondu ou forgé.

## AIMANT

Le fer possède encore la mystérieuse propriété de se laisser attirer par un AIMANT et de devenir Aimant lui-même.

Quels sont ceux d'entre vous qui ne se sont jamais amusés à attirer avec un *fer aimanté* de la limaille de fer, des aiguilles, des clés? Une aiguille aimantée, équilibrée sur un pivot, tourne toujours une de ses pointes vers le Nord. C'est la boussole, instrument précieux qui dirige les marins et les voyageurs sur l'Océan et dans les déserts, qui guide les mineurs dans leur labyrinthe souterrain!

C'est encore aux vertus *magnétiques* du fer que nous devons l'invention merveilleuse du télégraphe électrique.

Le Fer est, avec le charbon, le don le plus précieux que la nature nous ait fait. C'est le Fer qui a multiplié la puissance de l'homme, qui lui a permis de réaliser par son industrie

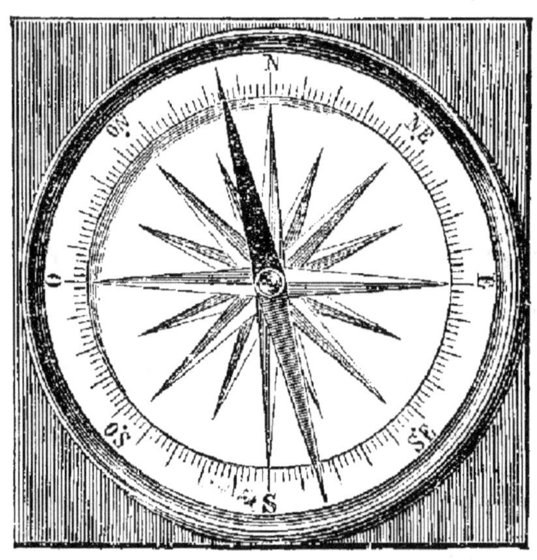


BOUSSOLE.

les merveilles que la science lui a inspirées. C'est le métal souverain. Il est plus précieux que l'argent, plus précieux que l'or. Mieux eût valu pour l'Espagne exploiter ses mines de fer que de s'emparer de tout l'or du Pérou et du Mexique qu'elle échangeait contre des produits vite consommés.

Voulez-vous un exemple saisissant?

Un kilogramme de minerai de fer qui revient à trois centimes et demi au métallurgiste anglais peut se vendre 125 francs sous la forme de bijoux d'acier; trois mille cinq cents fois sa valeur première! Qu'a-t-il fallu pour cela? Ajouter au produit brut le produit du travail. Quelle leçon pour l'oisiveté!

## CUIVRE

Si je vous demandais : De quelle couleur est le CUIVRE? Je suis sûr que vous me répondriez : Cela dépend. Les casseroles et la bassine à confitures sont rouges; le chaudron et les boutons de portes sont jaunes : il y a donc du Cuivre rouge et du Cuivre jaune.

Erreur! le vrai Cuivre, le Cuivre pur, est rouge. Ce que vous appelez *Cuivre jaune* et qu'on nomme aussi *laiton*, est un alliage économique où le Cuivre n'entre que dans une assez faible proportion.

Le CUIVRE est, après le fer, le plus *tenace* des métaux. Il se lamine en feuilles plus minces et s'étire en fils plus fins que le fer. Ce beau métal, d'un rouge éclatant, est fort employé dans la fabrication d'ustensiles de cuisine qui, mal entretenus, présentent un inconvénient très grave. Le contact prolongé de matières grasses, huiles, graisses ou savons, ou de sauces acidulées, les oxyde et y forme des sels d'un bleu verdâtre bien connus sous le nom de vert-de-gris. Le *vert-de-gris*, qui est la rouille du cuivre, n'est pas inoffensif comme la rouille du fer : c'est un poison violent. Tant que les aliments préparés dans un vase de cuivre ne s'y refroidissent pas, rien n'est à craindre; mais le danger est imminent dans le cas contraire. Une mince couche d'étain, appliquée à l'intérieur de ces ustensiles, neutralise en partie les risques qu'ils font courir.

C'est encore avec le Cuivre pur qu'on fabrique des chaudières et des alambics; on en double aussi la coque des navires pour les mettre à l'abri des Tarets, ces destructeurs des bois submergés. Le Cuivre ne faisant pas feu comme le fer par les chocs et les frottements, sert à confectionner des outils et des appareils usités dans les fabriques de poudre à

BONZES JAPONAIS JOUANT DES CYMBALES ET DU TAM-TAM.

canon et de pièces d'artifice, où la moindre étincelle peut causer des explosions terribles.

C'est surtout en s'alliant à d'autres métaux que le Cuivre reçoit des applications multiples. Il acquiert par ces alliages (on pourrait presque dire par ces alliances) des qualités qui ne lui appartiennent pas en propre. Et d'abord, un alliage est toujours plus dur que chacun des deux métaux alliés. Ne serait-ce pas le cas d'appliquer une fois de plus la fameuse devise : *L'union fait la force !*

Le Cuivre fondu avec un dixième d'étain environ constitue le BRONZE des canons, des statues, des médailles, et possède la propriété de prendre rigoureusement la forme des moules dans lesquels il est coulé. Dans le Bronze des cloches, des cymbales, des tams-tams, des timbres de pendules, la sonorité particulière du cuivre est amplifiée par une plus ou moins grande proportion d'étain.

Le Bronze, refroidi lentement, atteint une plus grande dureté. Refroidi subitement dans l'eau, après avoir été chauffé à une haute température, il s'amollit et acquiert une grande malléabilité. La *trempe du Bronze* produit donc un effet tout contraire à la trempe de l'acier. Le cuivre, allié au zinc dans des proportions très variables, constitue le *laiton* ou *cuivre jaune* que nous avons déjà mentionné et reçoit un grand nombre de destinations dans les arts industriels.

Sous le nom de *Maillechort*, de *Métal d'Alger*, d'*Argentan*, il prend des faux airs d'argenterie. Sous le nom de *Chrysocale*, de *Similor*, d'*or de Manheim*, il brille dans la bijouterie en faux. *Tout ce qui reluit n'est pas or.*

## ZINC

Avez-vous jamais vu un feu d'artifice ? Bon ! voilà vos yeux qui brillent comme si vous aviez encore les chandelles romaines au-dessus de vos têtes. Puisque votre souvenir vous représente ce spectacle, j'appelle ici votre attention sur certaines fusées qui éclatent en une constellation

d'étincelles d'un bleu splendide. Vous ne soup-
çonnez certes pas que cette lumineuse couleur
est produite par un métal en combustion.
Comment! un métal qui brûle? Hé oui! ce
groupe d'étoiles bleues qui s'évanouissent si vite,
c'est de la limaille de ZINC qui s'enflamme à l'air,
grâce à la chaleur développée par la poudre.

Ce Zinc qui couvre nos toits et nos terrasses,
qui sert à fabriquer des seaux, des bassins,
est un métal pour ainsi dire moderne. Il n'y a
guère plus de soixante ans qu'il est utilisé autrement que pour faire du laiton; il n'y a
guère plus de deux siècles qu'il est connu à
l'état de métal.

Le Zinc est mou; il devient ductile et malléable à la température de l'eau bouillante. A
200 degrés, il est si cassant qu'on peut le piler;
à une plus haute température, il se réduit en
vapeur. Le Zinc, tour à tour solide, liquide ou
gazeux, est donc un étrange métal. Comme il se
dilate beaucoup à la chaleur, on ne doit pas,
quand on en fait des couvertures, le clouer ni

le souder; il faut simplement agrafer les feuilles afin qu'elles puissent *jouer*, sans se gondoler ni se déchirer. Ce qui rend le Zinc moins propre à couvrir les toits, c'est qu'en cas d'incendie il aide à la combustion des charpentes des combles. Son emploi dans les constructions présente un autre inconvénient : il se ronge au contact du plâtre et du calcaire.

Ce métal, qui ne sait pas se protéger lui-même contre les attaques des acides les plus faibles, peut, en *étamant* le fer, le couvrir de sa protection. Des fils de fer, des plaques de tôle, plongés dans un bain de Zinc en fusion, se couvrent d'une couche qui les préserve contre l'oxydation. Cet *étamage* particulier porte le nom de *galvanisation du fer*.

Pour populariser les objets d'art qu'on ne moulait autrefois qu'en bronze, dans des moules qui ne pouvaient servir qu'une fois, on a imaginé de les couler en Zinc dans des moules qui permettent de multiplier les exemplaires. La dorure dont on recouvre le métal en déguise l'indigence. On inflige à ces produits le nom bizarre de *Zincs d'art*.

### ARGENT

Quand vous mangez dans l'argenterie, vous pouvez remarquer que votre cuiller et votre fourchette, toujours blanches et brillantes, ne contractent aucun mauvais goût. S'il vous est arrivé de les laisser tomber, vous avez pu voir qu'elles ne se cassaient pas et se contentaient d'exhaler une plainte sonore, ce qu'on appelle un son *argentin*.

L'ARGENT est un métal parfait, qui se distingue par des qualités exceptionnelles. Sa belle couleur blanche, son éclat particulier, ne se laissent altérer ni par l'air ni par la plupart des acides. La seule chose qui paraisse avoir une action fâcheuse sur lui, c'est l'*hydrogène sulfuré* (ce gaz dont l'odeur repoussante révèle si énergiquement la présence dans les œufs gâtés), et encore les taches noirâtres qu'il produit se laissent-elles facilement enlever.

L'Argent est très malléable. On peut l'étendre en feuilles si minces, qu'en en superposant 5000 on obtiendrait à peine l'épaisseur d'une main de papier. Il est aussi très ductile; on fabrique à Gênes et en Orient des bijoux en *filigrane* qui sont toujours en vogue. L'Argent se laisse étirer en fils d'une extrême finesse, mais il n'est pas à beaucoup près aussi tenace que le fer et le cuivre. Ce n'est pas un reproche que nous lui adressons, car sa tenacité n'est point requise dans les services qu'on lui demande.

Vous ne vous douteriez pas, en maniant de la monnaie d'Argent, qu'à l'état pur ce métal est mou et flexible. On lui communique la dureté convenable en l'alliant au cuivre, qui ne lui fait rien perdre de sa blancheur.

L'extrême malléabilité de l'Argent le rend propre à *argenter* une foule de substances.

L'Argent a beaucoup d'*affinité* pour le cuivre; c'est-à-dire qu'il y adhère, s'y fixe étroitement, fait corps avec lui. On utilise cette propriété dans le *placage*. Le *plaqué* le plus durable s'obtient en plaçant une feuille d'Argent sur une feuille de cuivre dix, vingt, quarante fois plus épaisse. On chauffe les deux feuilles métalliques superposées, on les passe au laminoir pour les amener à l'amincissement voulu et pour que la pression assure l'adhérence.

L'Argent doublé d'or, ou doré, s'appelle *vermeil*. L'industrie du placage a perdu une grande partie de son importance depuis que l'argenture et la dorure se pratiquent par des procédés électro-chimiques que vous connaîtrez plus tard.

L'Argent dissous dans l'*acide nitrique*, vulgairement appelé *eau forte*, donne des cristaux qui, calcinés au creuset, forment le *nitrate d'argent*. Cette matière, connue sous le nom de *pierre infernale*, est douée de propriétés corrosives qu'on utilise en chirurgie pour opérer des cautérisations. Dissoute dans une grande quantité d'eau, elle produit une encre ineffaçable qui sert à marquer le linge.

## OR

Quand on veut louer la sincérité d'un enfant ou la pureté de ses sentiments, on dit qu'il est *franc comme l'or*, qu'il a un *cœur d'or*. Quand on veut donner une idée de la richesse d'un homme, on dit qu'il est *tout cousu d'or*. Quand on veut exprimer la suprême qualité d'une chose, on dit qu'elle est *plus précieuse que l'or*. C'est qu'en effet il n'y a rien de plus pur, de plus noble, de plus riche, de plus parfait que l'OR.

L'admiration qu'on a de tout temps professée pour l'Or est justifiée par les qualités solides et brillantes de ce métal. Sa couleur éclatante suffit déjà pour charmer; aussi met-on de l'Or partout où l'on en peut mettre: dans les meubles qui ornent nos appartements, dans les encadrements des panneaux, dans les cadres des tableaux et des glaces. Au point de vue de l'effet, le but est atteint, puisque la *dorure* satisfait l'œil autant que l'Or massif. Ce n'est qu'une beauté de surface, mais que de gens se contentent de l'apparence! Personne n'échappe à cette fascination de l'Or : les femmes et même les hommes portent des bijoux d'Or ; nos officiers signalent leurs dignités et les rehaussent par leurs galons et leurs épaulettes d'Or.

Ce métal splendide se prête à tous nos besoins, à tous nos caprices. Il est tellement malléable, que l'Or d'une pièce de 20 francs, battu au marteau, pourrait s'étendre en feuille assez mince pour être capable de dorer tout entière la statue équestre élevée à Henri IV sur le Pont-Neuf. Je ne dis pas que la dorure serait bien solide, mais cet exemple vous fera comprendre l'extrême malléabilité de l'Or.

Ce métal est aussi ductile qu'il est malléable. L'Or d'une pièce de 20 francs pourrait s'étirer en un fil assez long pour entourer les fortifications de Paris. On fait des fils d'Or aussi fins que des fils d'araignée, ce qui permet de les tisser et d'en faire des broderies délicates.

L'inaltérabilité de l'Or, qui ne s'oxyde jamais et ne se laisse point attaquer par les acides ordinaires, le rend encore plus précieux. C'est, après le platine, le plus *lourd* des métaux usuels. Il est presque deux fois aussi lourd que l'argent et trois fois aussi lourd que le fer. Prenons garde de raisonner comme Jocrisse, qui prétendait qu'un kilogramme de plume est plus léger qu'un kilogramme de plomb! Ce que je viens de vous dire signifie que, sous un même *volume*, l'Or contient plus de matière, qu'il est plus compact, qu'il pèse davantage, en un mot, qu'il est plus *dense*; et, inversement, qu'à poids égal il présente une moindre étendue que l'argent et le fer.

Comme tous les autres métaux, il acquiert de la dureté par ses alliages. Allié à l'argent, il pâlit; allié au cuivre, il rougit, mais ce n'est point, bien sûr, par honte de la mésalliance.

## MONNAIES

On n'a rien pour rien en ce monde. Tout se gagne, tout s'achète et tout se paye. Le boulanger et le boucher ne font pas plus don du pain et de la viande que le pâtissier et le confiseur de leurs gâteaux et de leurs bonbons.

Si nous avons besoin de vêtements, il faut les acheter; si nous ne voulons pas coucher à la belle étoile, il faut payer notre loyer. Au théâtre, au concert, il faut payer notre plaisir. Tout se paye donc, et tout se paye avec de la MONNAIE.

Sans Monnaie, point de commerce. Il ne suffit pas de dire à son voisin : Donne-moi de ce que tu as, je te donnerai de ce que j'ai. Le cultivateur qui n'aurait que du blé à sa disposition ne pourrait se procurer des vêtements qu'à la condition que le tailleur ait besoin de blé ; et le tailleur ne pourrait céder ses habits qu'à celui qui lui donnerait en échange les choses dont il aurait besoin.

Tandis qu'avec les MONNAIES, marchandise que tout le monde accepte, tous les échanges sont faciles. Le cultivateur livre son blé, le tailleur cède ses habits contre de la Monnaie, avec laquelle ils se procurent ce qui leur manque. Pourquoi personne ne fait-il difficulté de recevoir les Monnaies? D'abord parce qu'elles sont la représentation de la valeur pour laquelle elles ont cours; ensuite parce que leur sincérité est garantie par le gouvernement du pays où elles circulent. Les métaux en usage dans la fabrication des Monnaies, et qui peuvent servir à d'autres usages, ont une valeur réelle, une valeur propre, autrement dit une *valeur intrinsèque*.

Chaque État a ses Monnaies particulières. Ce sont les Monnaies françaises qui offrent la plus grande simplicité. Elles sont établies d'après le système décimal, comme toutes les autres mesures.

Nos Monnaies se composent de cinq pièces en argent, de cinq pièces en or et de quatre pièces en bronze. Quatorze pièces en tout! Ce n'est ni bien long, ni bien difficile à retenir.

L'unité qui sert de base à notre système monétaire est le *Franc*. On a créé des unités décuples : la pièce de 10 francs qui vaut dix pièces de 1 franc et la pièce de 100 francs qui vaut dix pièces de 10 francs, et des unités *sous-décuples* : la pièce de 10 centimes qui vaut dix fois moins que 1 franc et la pièce de 1 centime qui vaut dix fois moins que la pièce de 10 centimes.

Les unités fondamentales sont donc :

> La pièce de 1 centime en bronze.
> La pièce de 10 centimes en bronze.
> La pièce de 1 franc en argent.
> La pièce de 10 francs en or.
> La pièce de 100 francs en or.

Mais, direz-vous, cela ne fait pas nos quatorze pièces. — Attendez! — Avec ces pièces décuples et sous-décuples on ne pourrait satisfaire à toutes les exigences. On a donc encore créé des pièces dont la valeur est le *double* ou la *moitié* des unités fondamentales. Par ce moyen fort simple, notre système monétaire, complété, permet de régler tous les comptes.

Le double de la pièce de 1 centime donne la pièce de 2 centimes, en bronze.

La moitié de la pièce de 10 centimes donne la pièce de 5 centimes, en bronze.

Le double de la pièce de 10 centimes donne la pièce de 20 centimes, en argent.

La moitié de la pièce de 1 franc donne la pièce de 50 centimes, en argent.

Le double de la pièce de 1 franc donne la pièce de 2 francs, en argent.

La moitié de la pièce de 10 francs donne la pièce de 5 francs, en argent ou en or.

Le double de la pièce de 10 francs donne la pièce de 20 francs, en or.

La moitié de la pièce de 100 francs donne la pièce de 50 francs, en or.

Voici, dans l'ordre de leur valeur, les quatorze pièces de Monnaies françaises :

| | |
|---|---|
| 1 centime | |
| 2 centimes | |
| 5 centimes | en bronze. |
| 10 centimes | |
| 20 centimes | |
| 50 centimes | |
| 1 franc | en argent. |
| 2 francs | |
| 5 francs | |
| 5 francs | |
| 10 francs | |
| 20 francs | en or. |
| 50 francs | |
| 100 francs | |

Vous remarquerez que toutes se désignent par le nom de la valeur qu'elles représentent.

Si ces pièces étaient en métal pur, elles se déformeraient et s'useraient trop rapidement dans la circulation. Elles sont donc composées d'un *alliage* qui leur fait acquérir la dureté convenable. Vous comprenez bien que ces alliages sont réglés par des lois et qu'on ne nous livre pas de la fausse monnaie. Nous ne sommes plus au temps où les grands seigneurs avaient droit de battre monnaie et de n'y pas toujours mettre le compte d'or ou d'argent.

Les Monnaies sont actuellement fabriquées sous le contrôle de l'État, dans des établissements spéciaux appelés *Hôtels des Monnaies*.

Les Monnaies de bronze contiennent sur 100 grammes d'alliage :

95   grammes de cuivre.<br>
4   grammes d'étain.<br>
1   gramme de zinc.<br>
Total... 100   grammes d'alliage.

Les Monnaies d'argent et d'or doivent contenir 9/10 de métal fin et 1/10 de cuivre. Ce qu'on exprime d'ordinaire en disant que l'argent et l'or des Monnaies françaises sont au *titre de* 900/1000 *de fin*.

On appelle *titre* d'un alliage, d'argent ou d'or, la quantité de métal pur qu'il contient ; ce titre doit s'exprimer en millièmes. Lorsqu'on dit que l'alliage des pièces d'or est au titre de 900/1000 cela signifie tout bonnement que, sur 1 kilogamme ou 1000 grammes d'alliage il y a :

$$
\begin{array}{rl}
& 900 \quad \text{grammes d'or} \\
\text{et} & \underline{100} \quad \text{grammes de cuivre} \\
\text{Total...} & 1000 \quad \text{grammes d'alliage.}
\end{array}
$$

Voilà qui est bien entendu.

Le titre de 900/1000 n'a pas été conservé pour les Monnaies de 2 francs, de 1 franc, de 50 centimes et de 20 centimes, qu'on appelle des *Monnaies divisionnaires* ou *Monnaies d'appoint.* A la suite d'une convention entre la France, la Belgique, l'Italie, la Suisse et la Grèce, les Monnaies divisionnaires de ces cinq États ont été uniformément baissées au titre de 835/1000 ; c'est-à-dire que, sur 1 kilogramme, ou 1000 grammes d'alliage, il n'y a plus que 835 grammes d'argent. On pourrait conclure de là que 100 francs en pièces de 5 francs en argent vaudraient

6 fr. 50 de plus qu'en Monnaie d'appoint. Néanmoins les pièces de 2 francs, de 1 franc, de 50 centimes et de 20 centimes sont loin d'être dépréciées et je vous en souhaite beaucoup dans votre bourse. D'ailleurs, pour prévenir les abus, la quantité des pièces fabriquées par chacun des États que je vous ai cités est étroitement limitée aux besoins de cette sorte de Monnaie. Cette modification du titre de quelques pièces n'a rien changé aux rapports que nos Monnaies doivent avoir soit entre elles, soit avec le système légal des poids et mesures.

Le poids des pièces correspond à leur valeur.

| | | | |
|---|---|---|---|
| La pièce d'argent de | 0 fr. 20 | pèse | 1 gramme. |
| La pièce d'argent de | 0 fr. 50 | pèse | 2 grammes 1/2. |
| La pièce d'argent de | 1 fr. » | pèse | 5 grammes. |
| La pièce d'argent de | 2 fr. » | pèse | 10 grammes. |
| La pièce d'argent de | 5 fr. » | pèse | 25 grammes. |

Si nous voulions connaître la valeur de l'or par rapport à celle de l'argent, nous n'aurions qu'à mettre deux pièces de 5 francs en argent dans le plateau d'une balance et nous verrions qu'il faut, pour établir l'équilibre, mettre dans l'autre plateau 155 francs en or. Nous en conclurons donc que l'or, à poids égal, a une valeur quinze fois 5/10 de fois, c'est-à-dire quinze fois et demie plus grande que l'argent. Si nous remplacions l'or du plateau par de la Monnaie de bronze, nous constaterions qu'il n'a fallu que 0 fr. 50 pour faire équilibre aux deux pièces de 5 francs restées dans l'autre plateau. C'est que la monnaie de bronze, à poids égal, a vingt fois moins de valeur que l'argent et 310 fois moins de valeur que l'or.

Vous voyez par là que les Monnaies peuvent au besoin tenir lieu de poids.

On peut faire 1 kilogramme avec

|          |       |                  |    |      |
|----------|-------|------------------|----|------|
|          | 155   | pièces d'or      | de | 20 fr. |
| ou avec  | 40    | pièces d'argent  | de | 5 » |
| ou avec  | 100   | pièces d'argent  | de | 2 » |
| ou avec  | 200   | pièces d'argent  | de | 1 » |
| ou avec  | 400   | pièces d'argent  | de | 0 50 |
| ou avec  | 1 000 | pièces d'argent  | de | 0 20 |

Si les Monnaies peuvent remplacer les poids,

elles peuvent aussi remplacer les mesures de longueur, puisque, par la grandeur de leur diamètre, elles se rapportent au mètre, unité des mesures de longueur.

Pour obtenir la longueur du mètre, il faudrait placer à côté l'une de l'autre vingt pièces de 2 francs et vingt pièces de 1 franc, ou bien encore quarante pièces de 5 centimes.

Je n'ai pas à vous décrire les pièces de Monnaie que vous avez constamment sous les yeux. En saurez-vous plus long quand je vous aurai dit qu'elles sont toutes rondes et plates; qu'elles portent sur la *face*, au lieu de l'effigie du souverain, comme autrefois, une figure emblématique et sur le *revers* le chiffre indiquant leur valeur? Mais peut-être bien que, malgré vos yeux fureteurs, vous ne vous êtes jamais avisés de regarder ce qui est écrit sur la *tranche*. Lisez donc avec moi :

DIEU PROTÈGE LA FRANCE, et que cette *devise* soit pour vous une oraison patriotique!

# MINES ET MINERAIS

D'où proviennent ces métaux qui font la puissance et la richesse des hommes? Ce n'est pas un don gratuit que la nature nous fait, elle l'offre en prix au travail; c'est le plus courageux qui l'obtient.

Les métaux ne sont pas mis à la portée de notre main comme les fruits qui pendent aux arbres; il faut les rechercher longtemps, puis les atteindre. On ne les découvre qu'à force de science et de patience; on ne les exploite qu'avec de grandes fatigues et une longue persévérance.

Les métaux sont des *corps simples*, mais on

ne les trouve guère à *l'état natif*, c'est-à-dire purs. Ils sont mêlés ou combinés, soit entre eux, soit avec d'autres substances, et dans ce cas on dit qu'ils sont à l'état de MINERAIS.

Ces Minerais dont on extrait laborieusement le métal se trouvent parfois en *couches* ou en *amas*, à des profondeurs variables. Souvent aussi ils sont disposés en bandes allongées, en *filons*, suivant toutes les directions et se ramifiant à travers des terrains de différentes natures. On dirait que des matières autrefois en fusion ont coulé entre les fentes des rochers ou les feuillets des schistes, où elles se sont refroidies et solidifiées. Les filons commencent à la surface du sol et s'enfoncent à de grandes profondeurs en devenant moins riches.

## MINERAIS DE FER

Les MINERAIS DE FER sont tellement nombreux qu'on en a pu recueillir des centaines d'échantillons se rapportant à huit types principaux. Nous n'en citerons que trois.

1° Les *fers oxydulés* ou *fers magnétiques*, ou *aimants naturels*. Ce sont les plus riches de tous et ceux qui produisent le fer le plus pur. La mine la plus célèbre est celle de Danne-mora, en Suède.

2° Les *fers oligistes*, riches et abondants presque partout et principalement dans l'île d'Elbe.

3° Les *fers carbonatés*, moins riches, mais plus abondants, surtout en Angleterre.

Les Mines sont plus ou moins profondes. Lorsqu'on ne peut les exploiter à ciel ouvert, on creuse un *puits d'extraction* d'où l'on fait rayonner des galeries longues et tortueuses à travers les *couches*, les *amas* ou les *filons*. Quelques-uns de ces puits ont une telle profondeur, que les mineurs mettent trois heures pour descendre par les échelles! Les Minerais détachés à coups de pic sont convoyés dans des wagonnets posés sur des rails et remontés au grand jour par des cages qui servent aussi à monter et à descendre les Mineurs.

On débarrasse les Minerais de leur *gangue* pierreuse et terreuse en les broyant à l'aide de pilons mécaniques et en les lavant dans l'eau au moyen de palettes mues par la vapeur.

On procède ensuite au *grillage*, afin de volatiliser les matières sulfureuses. Pour opérer le grillage, le Minerai concassé est disposé par couches alternatives avec du charbon, et on allume ces grandes masses qu'on laisse brûler cinq ou six jours. Le Minerai *grillé* est ensuite porté au *haut-fourneau.* C'est ainsi qu'on appelle de grandes tours de maçonnerie de 20 mètres de haut, dont l'intérieur est revêtu de briques réfractaires. La partie inférieure, rétrécie, forme un *creuset* qui reçoit le métal à mesure qu'il fond. C'est par une ouverture appelée *gueulard* pratiquée dans le haut de la cheminée que l'on jette le mélange de *charbon*, de *minerai* et de *chaux*, ou de tout autre *fondant* qui doit faciliter la fusion. La combustion est activée par d'énormes machines soufflantes qui apportent au foyer un continuel supplément d'oxygène.

HAUT-FOURNEAU.

Ces hauts-fourneaux reçoivent jusqu'à 150 000 kilogrammes de matières : minerai, charbon et fondant ; ils brûlent sans trêve, toujours remplis à mesure que le métal est *réduit* ; ils ne sont éteints que pour être rebâtis.

CHARIOT POUR PORTER LA LOUPE.

Sous l'action d'une température très élevée, le fer s'unit avec le charbon, et se change en FONTE. La chaux, en faisant corps avec les matières terreuses, forme le *laitier* qui surnage comme une écume au-dessus du métal en fusion.

TRAIN DE LAMINOIRS.

Toutes les huit ou dix heures, on débouche le creuset et la Fonte incandescente s'écoule en ruisseaux de feu, dans des rigoles pratiquées dans le sable. Cette Fonte brute, suivant sa qualité, est soumise à l'*affinage* pour être convertie en fer ou en acier.

L'affinage s'opère en soumettant la Fonte liquéfiée à l'action énergique d'un courant d'air; l'oxygène s'empare alors du carbone pour lequel il a plus d'affinité que pour le fer. Une certaine masse de fer, ou *loupe*, recueillie dans le *four d'affinage*, est portée par un chariot sous le marteau-pilon, dont les chocs vigoureux et répétés font suinter le laitier resté dans la loupe, absolument comme l'eau jaillit d'une éponge pressée entre les doigts.

A force de rapprocher les molécules de fer, on obtient un métal homogène qu'on réduit en barres. Ces barres, après avoir passé au *four à réchauffer*, arrivent au laminoir, qui leur donne la forme sous laquelle elles sont livrées à l'industrie.

## MINERAIS DE CUIVRE

Les hommes primitifs ont eu peu de peine à découvrir le CUIVRE, qui se trahit, à l'état natif, par sa belle couleur. Ils l'ont alors appliqué à des usages auxquels aurait mieux convenu le fer, qui se dérobait à l'état de Minerais. Ce sont donc des armes et des engins de Cuivre qui ont immédiatement succédé aux armes de pierre, les premières que les hommes aient fabriquées.

Aujourd'hui, le Cuivre pur est rare dans les Mines, et l'on cite comme une curiosité minéralogique un bel échantillon de 30 kilogrammes trouvé au Canada et que vous pourrez voir au Muséum de Paris.

Les principaux Minerais de ce métal sont : le *Cuivre carbonaté vert* ou *malachite*, le *Cuivre carbonaté bleu* ou *azurite* et les *Cuivres sulfurés*.

La MALACHITE, que vous prendriez pour un marbre d'un beau vert à reflets sombres, n'est en somme qu'une pierre pénétrée de vert-de-gris. La Sibérie en fournit de superbes blocs,

employés dans les arts industriels pour fabriquer
des vases, des coffrets, et plaquer des meubles.

MINE DE CUIVRE A CIEL OUVERT.

La couleur de L'AZURITE est indiquée par son
nom ; on l'utilise en peinture.

LA DESCENTE DANS LA MINE DE FAHLUN.

LES RICHESSES MINÉRALES.                                    8

Ces différents Minerais sont tendres et cèdent facilement le métal qu'ils détiennent. Il suffit pour cela de les fondre dans un fourneau, au milieu du charbon. Le cuivre s'écoule par le fond; il est recueilli, fondu à nouveau, et livré à l'industrie sous le joli nom de *Rosette*.

La France possède quelques Mines de cuivre: à Chessy, près de Lyon, dans les Pyrénées, et de plus productives en Algérie; pourtant elles sont loin de fournir tout le cuivre que nous consommons.

Presque tout le cuivre travaillé en Europe venait autrefois des célèbres Mines de Fahlun en Suède, mais l'Angleterre a eu la bonne fortune d'en découvrir chez elle d'importants gisements. En Cornouailles, ces Mines s'enfoncent sous la mer, à un demi-kilomètre du rivage, et les Mineurs entendent au-dessus de leur tête le grondement des galets roulés par les vagues.

Pour se faire une idée de l'importance de ces Mines, il faut savoir que le réseau des galeries a plus de 100 kilomètres! Soixante

MINE DE CUIVRE S'ÉTENDANT SOUS LA MER.

machines à vapeur sont constamment en activité pour pomper l'eau d'un aqueduc souterrain situé à 500 mètres de profondeur. Le bois de soutènement des voûtes et des parois représente une forêt de pins centenaires, ayant une superficie de 360 kilomètres carrés ! Voilà ce que le génie de l'homme ose tenter. Il n'y a point de gaz pernicieux dans ces Mines ; mais la chaleur y est intolérable et l'emploi constant de la poudre y rend l'atmosphère suffocante.

### MINERAIS DE ZINC

Le *zinc* se tire de deux Minerais : la *Calamine* et la *Blende*. Le premier a quelque ressemblance avec le calcaire : c'est un carbonate qui fait effervescence dans les acides ; le second est un sulfure d'un aspect roussâtre.

Après avoir lavé ou grillé le Minerai, on y mêle une certaine proportion de poussière de charbon et on met le mélange dans des tuyaux de terre qu'on chauffe au rouge. Le zinc, qui est très volatil, s'échappe en vapeurs et se rend par un tube de dégagement dans un récipient où il se condense en grenailles. Il ne reste plus qu'à le refondre pour le livrer au commerce. Le traitement des MINERAIS DE ZINC est donc une véritable distillation.

## MINERAIS D'ARGENT

L'ARGENT n'est pas aussi rare que sa cherté pourrait le faire croire : les mines de Hongrie, de Norvège, de Sibérie, de Saxe, et surtout celles du Pérou, du Mexique, des États-Unis, en fourniraient une assez grande quantité. Pourquoi donc coûte-t-il si cher ? Parce que, les procédés d'extraction étant longs et pénibles, il représente une somme énorme de labeurs. On a calculé que l'extraction d'un kilogramme d'argent exige autant de peines, autant de travail, que la récolte de 1000 kilogrammes de blé !!!

L'argent natif est rare : il se cache en filaments à l'intérieur de la pierre ou s'épanouit en feuilles et en rameaux à sa surface.

Les **minerais d'argent**, pauvres ou riches, sont difficiles à traiter.

Les procédés employés pour enlever l'argent aux minéraux auxquels il est associé sont très divers et très compliqués. On obtient l'argent pur en l'associant à un autre métal dont on le sépare ensuite.

En Amérique, la méthode la plus usitée consiste à faire dissoudre l'argent par le *mercure*, ce métal liquide que vous pouvez voir dans les baromètres et les thermomètres. On soumet le Minerai à certaines opérations qui dégagent l'argent à l'état métallique : c'est ce qu'on appelle la méthode de *l'amalgamation*. On distille l'*amalgame* (nom qu'on donne à tous les alliages métalliques renfermant du mercure), le mercure se volatilise, va se condenser dans un récipient où on le recueille pour l'utiliser de nouveau, et l'argent reste plus ou moins pur au fond de la cornue.

Dans la seconde méthode, c'est le *plomb* qu'on associe au Minerai et le procédé de séparation est

MINE D'ARGENT EN NORVÉGE.

appelé *coupellation*. L'alliage est fondu dans un

APPAREIL MEXICAIN POUR LE TRAITEMENT DU MINERAI
PAR L'AMALGAMATION.

fourneau particulier et l'on dirige, à la surface
du métal en fusion, le vent d'un soufflet. Le

plomb s'oxyde facilement à l'air, tandis que l'ar-

CHERCHEUR D'OR.

gent ne subit aucune altération. A mesure qu'il se

forme, l'oxyde de plomb, plus fusible et plus léger que l'argent, s'écoule par une rigole ménagée à cet effet. L'opération, qui dure de dix à douze heures, est terminée quand la dernière pellicule d'oxyde se déchire, laissant apparaître soudainement un éclatant gâteau d'argent. Ce brillant phénomène s'appelle l'*éclair*.

## MINERAIS D'OR

De 1848 à 1856, la fièvre de l'or s'empara du monde entier. Un flot de 500 000 êtres humains se rua sur la Californie. où l'on venait de découvrir de riches MINES D'OR.

Américains du Nord et du Sud, Européens de l'Ouest et du Centre, Chinois et Polynésiens, aventuriers de toutes nationalités, accoururent, la pelle et la pioche sur l'épaule, pour fouiller cette terre fortunée. Beaucoup pensaient n'avoir qu'à se baisser pour ramasser des trésors. Hélas ! que de peines ces pauvres gens se donnaient dans l'espoir de s'en éviter ! Ils quittèrent un métier facile et productif pour courir péniblement après l'or qui, pour la plupart d'entre eux, était bien une chimère! Si quelques-uns des premiers arrivants ont fait de riches trouvailles, combien

sont morts de fatigues et de misères sur cette terre promise où ils étaient venus s'échouer!

L'or est tellement éparpillé dans les gisements ordinaires et en parcelles si petites, qu'il faut remuer des milliers de mètres cubes de dé-

CHINOIS LAVANT AU BERCEAU.

blais pour obtenir l'or renfermé dans une pièce de 20 francs!

L'or se trouve, à l'état natif, en *paillettes* dans

BROYAGE DU MINERAI.

les sables ; en *grains* et en *pépites* ou pépins d'un certain volume dans les gisements les plus riches.

Une grosse pépite peut faire la fortune d'un heureux mineur, mais on n'a pas plus de chances de trouver un de ces *pépins* de plusieurs kilogrammes, qu'on n'en a de gagner le gros lot d'une grande loterie.

Les sables et les Minerais sont d'abord lavés par des procédés aussi variés que curieux.

Les *sables aurifères* sont lavés à la main par les *orpailleurs* dans des sébiles de bois, de corne ou de métal, ou sur place par des ruisseaux détournés qui tombent en cascades et entraînent les matières terreuses.

Les mineurs chinois, dont la patience méritante n'est pas toujours récompensée, lavent les sables les plus pauvres dans un appareil appelé *berceau*. C'est tout simplement un crible posé sur une toile grossière qui laisse passer l'eau et retient les moindres parcelles d'or.

Le premier lavage est souvent opéré naturellement par des cours d'eau. Beaucoup de rivières, le Doubs, le Rhône, l'Ariège en France, le Pô en Italie, un grand nombre de fleuves et de ruisseaux de l'Amérique et de l'Afrique, charrient des paillettes d'or enlevées à des *terrains aurifères*.

Il ne faut pas croire que l'or se trouve toujours à la surface du sol ; on est souvent obligé d'aller le chercher profondément et de débiter les roches qui l'emprisonnent. Les *blocs aurifères* sont d'abord cassés, broyés, pulvérisés, puis traités à peu près comme les minerais d'argent.

On trouve parfois l'or uni à l'argent. Dans ce cas, on les sépare au moyen de l'acide nitrique qui dissout l'argent et n'attaque pas l'or.

Les plus riches Mines d'or se trouvent en Amérique : au Pérou, au Chili, au Mexique et dans la Californie ; en Australie : dans la province Victoria ; en Asie : dans la Sibérie ; en Europe : dans la Hongrie et la Transylvanie.

Depuis trente ans, les nouvelles Mines découvertes en Californie et en Australie ont fourni plus d'or qu'il n'en existait auparavant dans le monde entier. Pourtant l'or est toujours aussi cher et nous avons vu qu'une Mine d'or ne rapporte, comme les terres cultivables, qu'en raison des labeurs qu'elle exige.

Il n'y a qu'une Mine inépuisable dont le rendement soit assuré : mes enfants, c'est le TRAVAIL !

FIN

Imprimeries réunies B.

www.ingramcontent.com/pod-product-compliance
Lightning Source LLC
LaVergne TN
LVHW021839170726
843503LV00003B/1002